Caussin de Perceval 1871 - Novembre - 30

CATALOGUE

DES

LIVRES ET MANUSCRITS ARABES

DES OUVRAGES DE LITTÉRATURE ET D'HISTOIRE

COMPOSANT LA BIBLIOTHÈQUE

DE

FEU M. CAUSSIN DE PERCEVAL

MEMBRE DE L'INSTITUT, CHEVALIER DE LA LÉGION D'HONNEUR
Professeur de langues orientales à la Bibliothèque et au Collège de France.

DONT LA VENTE AURA LIEU

Le jeudi 30 novembre 1871 et les deux jours suivants

En son domicile, rue Bonaparte, 6

à une heure de relevée

Par le ministère de Me Delbergue-Cormont, commissaire-priseur
Rue de Provence, 8

PARIS
ADOLPHE LABITTE, LIBRAIRE
4, RUE DE LILLE, 4

1871

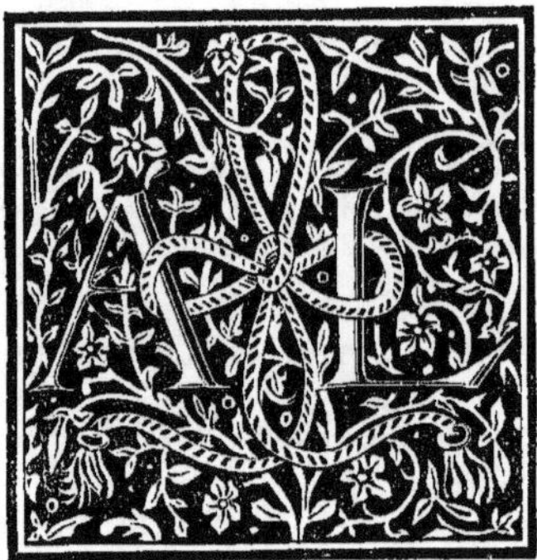

Paris. — Imprimerie Adolphe Lainé, rue des Saints-Pères, 19.

CATALOGUE

DES

LIVRES ET MANUSCRITS ARABES

DES OUVRAGES DE LITTÉRATURE ET D'HISTOIRE

COMPOSANT LA BIBLIOTHÈQUE

DE

FEU M. CAUSSIN DE PERCEVAL

MEMBRE DE L'INSTITUT, CHEVALIER DE LA LÉGION D'HONNEUR
Professeur de langues orientales à la Bibliothèque et au Collège de France.

DONT LA VENTE AURA LIEU

Le jeudi 30 novembre 1871 et les deux jours suivants

En son domicile, rue Bonaparte, 6

à une heure de relevée

Par le ministère de Me Delbergue-Cormont, commissaire-priseur
Rue de Provence, 8

PARIS
ADOLPHE LABITTE, LIBRAIRE
4, RUE DE LILLE, 4
1871

ORDRE DES VACATIONS.

Première vacation. — *Jeudi 30 novembre* 1871.

	Numéros.
Géographie, Voyages, Histoire......................	262 — 352
Théologie, Jurisprudence, Sciences et arts, Langues européennes, Grammaires et Dictionnaires arabes.......	1 — 104

Deuxième vacation. — *Vendredi* 1er *décembre.*

Archéologie, Histoire littéraire, Biographie............	353 — 381
Langues orientales diverses..........................	223 — 261
Textes arabes...	105 — 222

Troisième vacation. — *Samedi* 2 *décembre.*

Ouvrages en nombre	395 — 410
Manuscrits arabes, persans et turcs..................	411 — 512
Mémoires publiés par l'Institut de France..............	382 — 392
Journal asiatique..................................	393

CONDITIONS DE LA VENTE.

Il y aura, chaque jour, une heure avant la vente, exposition des livres qui seront vendus dans la vacation.

Les livres vendus devront être collationnés sur place dans les vingt-quatre heures de l'adjudication. Passé ce délai, ou une fois sortis de la salle de vente, ils ne seront repris pour aucune cause.

Les acquéreurs payeront cinq centimes par franc en sus des enchères, applicables aux frais.

Paris. — Imprimerie Adolphe Lainé, rue des Saints-Pères, 19.

DISCOURS

DE

M. LÉOPOLD DELISLE

Président de l'Académie des inscriptions et belles-lettres,

QUI DEVAIT ÊTRE PRONONCÉ AUX OBSÈQUES DE

DE M. CAUSSIN DE PERCEVAL

Le 17 janvier 1871

ET N'A PU L'ÊTRE A RAISON DE CIRCONSTANCES EXTRAORDINAIRES.

MESSIEURS,

Le savant orientaliste à qui nous rendons aujourd'hui les derniers devoirs appartenait à une famille qui est représentée depuis plus d'un siècle dans les annales de l'Académie des inscriptions et belles-lettres. Son grand-oncle, François Béjot, de 1762 à 1787, et son père Jean-Jacques-Antoine Caussin de Perceval, de 1809 à 1835, ont honorablement siégé dans notre compagnie et se sont créé des droits à l'estime publique, le premier par sa consciencieuse administration du cabinet des manuscrits de notre grande bibliothèque; le second par de nombreux travaux sur la littérature arabe et la littérature grecque.

ARMAND-PIERRE CAUSSIN DE PERCEVAL, né à Paris le 11 janvier 1795, trouva donc dans la maison paternelle la direction et les exemples qui décidèrent sa vocation, et donnèrent à la France l'un des plus solides orientalistes du dix-neuvième siècle. Après de brillantes études au lycée Louis-le-Grand, le jeune Caussin partit pour Constantinople, en 1814, en qualité d'élève-interprète, visita, en 1817, la Turquie d'Asie, séjourna près d'une année chez les Maronites du Mont-Liban et remplit à Alep les fonctions de drogman. C'est ainsi qu'en acquérant une connaissance approfondie du turc et de l'arabe, il pénétra directement dans la vie et les idées des peuples de l'Orient, et y puisa ce sentiment de la vérité et de la couleur locale, auquel ne sauraient suppléer les recherches et les méditations les plus prolongées. Il avait dès lors une expérience consommée de la langue arabe : l'administration s'empressa d'en profiter, d'abord, en 1821, en lui confiant la chaire d'arabe vulgaire à l'École spéciale des langues orientales vivantes, puis, trois ans plus tard, en l'attachant comme interprète au dépôt de la guerre. Les services de tout genre qu'il a rendus sans interruption pendant un enseignement d'environ cinquante années seront attestés par quelques-uns des disciples qu'il a formés. Il suffira de rappeler ici que, sans perdre de vue le côté pratique du cours dont il était chargé, le professeur voulut connaître à fond la littérature et l'histoire des Arabes. Dès l'année 1830, il put monter comme suppléant dans la chaire d'arabe au collége de France, chaire dont il devint titulaire en 1833, au moment où son père fut nommé professeur honoraire. Jusque-là M. Caussin de Perceval n'avait guère publié que des morceaux historiques traduits du turc et une grammaire destinée à ses élèves de l'École des langues orientales vivantes; mais il amassait déjà les matériaux du livre qui a fait sa renommée et qui restera parmi les monuments les plus durables de l'érudition contemporaine : vous avez reconnu, Messieurs, l'*Essai sur l'histoire des Arabes avant l'islamisme, pendant l'époque de Mahomet et jusqu'à la réunion de toutes les tribus sous la loi musulmane.*

Dans ce véridique et complet tableau de la période la plus obscure de l'histoire des Arabes, M. Caussin de Perceval a merveilleusement réussi à recueillir, à coordonner et à critiquer les récits authentiques et légendaires d'après lesquels on peut suivre les destinées du peuple arabe depuis les origines les plus reculées jusqu'à l'établissement définitif de l'empire des Califes. En terminant ce beau livre, l'auteur avertissait qu'on y rencontrerait « peu de réflexions, de considé« rations générales, de ce qu'on appelle la philosophie de « l'histoire; mais, ajoutait-il, si l'on y trouve un plan conve« nablement disposé, un enchaînement méthodique des faits, « une recherche consciencieuse de la vérité, une narration « claire et fidèle, mon ambition sera pleinement satisfaite. » Tous ces mérites caractérisent chaque page de l'*Essai sur l'histoire des Arabes;* ils y ont été constatés dès le premier jour par les arabisants aussi bien que par les historiens; depuis, plus on l'a étudié, plus on s'est convaincu que le sujet était hérissé de difficultés qui ne pouvaient être surmontées sans l'érudition la plus profonde et sans le tact le plus judicieux. L'Académie des inscriptions et belles-lettres en fut frappée : à peine le dernier volume de l'*Essai sur l'histoire des Arabes* avait-il paru qu'elle appela M. Caussin de Perceval à remplacer Le Prévost d'Iray dans son sein (16 novembre 1849).

A partir de ce jour, l'Académie tint une place privilégiée dans les affections de notre confrère : vous avez vu, Messieurs, avec quelle exactitude il a pris part à nos séances jusqu'à ces dernières semaines; avec quelle exquise politesse il s'enquérait de nos travaux; avec quel excès de modestie il parlait de lui-même; avec quelle bienveillance il accueillait et encourageait les jeunes gens. Il suffisait d'avoir approché quelques instants M. Caussin de Perceval pour apprécier la rectitude de son jugement, la loyauté et l'indépendance de son caractère, l'élévation et la délicatesse de ses sentiments. Ce fut surtout dans les dernières années de sa vie que nous pûmes juger combien son âme était fortement trempée. Qui de nous, Messieurs, n'a été touché de l'inaltérable sérénité avec laquelle il a supporté les accidents et les infirmités cruelles qui l'obligèrent à modifier son genre de vie et à résigner des travaux, d'abord pleins d'espérances, dont il avait fait agréer les projets à l'Académie? Qui de nous n'a admiré son courage à supporter les épreuves que nous traversons maintenant, et dont il attendait l'issue avec le plus pur patriotisme? Qu'un tel souvenir, Messieurs, nous soutienne et nous aide à remplir tous nos devoirs, comme l'a fait jusqu'à la fin l'excellent confrère auquel nous adressons aujourd'hui le suprême adieu.

TABLE DES DIVISIONS.

CATALOGUE

DES

LIVRES ET MANUSCRITS ARABES

DES OUVRAGES DE LITTÉRATURE ET D'HISTOIRE

COMPOSANT LA BIBLIOTHÈQUE

DE FEU M. CAUSSIN DE PERCEVAL

Membre de l'Institut.

THÉOLOGIE.

1. La Sainte Bible, trad. par Le Maistre de Saci. *Paris,* 1711, 16 vol. in-12, v.
2. Histoire de l'Ancien et du Nouveau Testament et des Juifs, par D. Augustin Calmet. *Nismes,* 1780, 3 vol. in-8, demi-rel.
3. Cellarii Horæ Samaritanæ, hoc est excerpta Pentateuchi Samaritanæ versionis, cum lat. interpretatione. *Francof. et Ienæ,* 1705, in-4, vélin.
4. Concordantiæ bibliorum sacrorum, cura et studio Dutripon. *Parisiis,* 1838, in-4, demi-rel.
5. Le Dictionnaire de la Bible, par Simon. *Lyon,* 1693, in-fol. v. br.
6. Les OEuvres de Massillon. *Lyon,* 1810, 15 vol. in-12, v. fil. tr. dor.
7. Histoire de la destruction du paganisme en Occident, par Et. Chastel. *Paris, Cherbuliez,* 1850, in-8, demi-rel.
8. Mosis Maïmonidæ tractatus de cibis vetitis in latin. versus a M. Woldicke, 1734. — J. Ab.

Hamm. Exercitationes de ara interiore, 1715. — Mosis Maïmonidæ tractatus de Vacca rufa. *Amst.*, 1713, 3 p. en 1 vol. pet. in-8, cart.

9. Hottingerus. De Usu linguarum orientalium in rebus sacris. *Heidelb.*, 1658, in-4, v. br.

10. — Archæologia orientalis exhibens topographiam ecclesiasticam orientalem, etc. *Heidelb.*, 1662, in-12, v.

11. History of the Martyrs in Palestine, by Eusebius, discovered in a syriac manuscript by W. Cureton. *London, W. et Norg.*, 1861, gr. in-8, cart.

12. Hadriani Relandi de religione Mohammedica libri II (arabice et lat.). *Trajecti ad Rhen.*, 1717, pet. in-8, fig. v. f.

13. Exposé de la religion des Druzes, par le baron Silvestre de Sacy. *Paris, Impr. roy.*, 1838, 2 vol. in-8, demi-rel.

JURISPRUDENCE.

14. Manuel du droit français, par Paillet. *Paris, Desoer*, 1832, in-4, v.

15. Traité de droit pénal, par Rossi. *Paris, Sautelet*, 1829, 3 vol. in-8, demi-rel. r.

16. Liber diurnus. Recueil des formules usitées par la Chancellerie pontificale du ve au xie siècle, publ. par Eug. de Rozière. *Paris*, 1869, gr. in-8, br. et supplément.

17. Table du Précis de jurisprudence musulmane, par Perron. *Paris, Impr. imp.*, 1854, gr. in-8, br.

18. Étude sur la loi musulmane, législation criminelle, par Vincent. *Paris*, *Joubert*, 1842, in-8, br.

SCIENCES ET ARTS.

19. Essai sur la métaphysique d'Aristote, par Fél. Ravaisson. *Paris*, *Joubert*, 1846, in-8, br. (t. 2.)

20. La Science du langage et nouvelles leçons sur la science du langage, par Max. Müller, trad. de l'anglais par G. Perrot. *Paris*, 1867, 3 vol. in-8, br.

21. Averroès et l'Averroïsme. Essai historique, par Ern. Renan. *Paris, Aug. Durand*, 1852, in-8, demi-rel.

22. La Philosophie de saint Thomas d'Aquin, par Ch. Jourdain. *Paris, Hachette*, 1858, 2 vol. in-8, demi-rel.

23. La Civilisation chrétienne chez les Francs, par Ozanam. *Paris, Lecoffre*, 1849, in-8, demi-rel.

24. Mélanges et correspondance d'économie politique, ouvrage posthume de Say, publié par Ch. Comte. *Paris*, *Chamerot*, 1833, in-8, demi-rel.

25. Éléments d'astronomie, par Cassini. *Paris, Impr. roy.*, 1740, in-4, mar. r. tr. dor. (*Armoiries.*)

26. Manuel métrologique des peuples de l'antiquité, par Girod du Saugey. *Paris*, 1837, in-8, br.

27. Essai sur la minéralogie arabe, par Clément Mullet. *Paris*, *Impr. imp.*, 1868, in-8, br.

28. Dictionnaire de l'Académie des beaux-arts. *Paris Didot*, 1858, 2 tomes en 7 livraisons.

29. Explication de cent estampes qui représentent différentes nations du Levant. *Paris*, 1715, gr. in-fol. v. *Gravures de Scotin.*

30. Le Temple de Jérusalem, monographie du Haram ech Chérif, suivi d'un Essai sur la topographie de la Terre-Sainte, par le comte M. de Vogüé. *Paris*, *Baudry*, 1864, gr. in-fol. cart. 37 *pl.*

31. Les Églises de la Terre-Sainte, par le comte Melchior de Vogüé. *Paris*, *Didron*, 1860, gr. in-4, br. fig.

32. Essai sur la musique ancienne et moderne (par de la Borde). *Paris*, *Pierres*, 1780, 4 vol. in-4, demi-rel.

33. Hyde. De Ludis orientalibus. *Oxonii, e Theatro Scheldoniano,* 1694, 2 vol. pet. in-8, v. br.

BELLES-LETTRES.

LINGUISTIQUE.

I. LANGUES ANCIENNES ET MODERNES DE L'EUROPE.

34. Essai sur l'histoire des théories grammaticales dans l'antiquité, par Egger. *Paris, Aug. Durand,* 1854, in-8, br.

35. Traité de la formation des mots dans la langue grecque, par Régnier. *Paris*, *Hachette*, 1855, in-8, br.

36. Essai sur l'histoire de la critique chez les Grecs, suivi de la Poétique d'Aristote, avec trad. franç., par M. Egger. *Paris, Durand*, 1849, in-8, br.

37. Oracula Sibyllina, curante Alexandre. *Parisiis, Didot*, 1869, in-8, br.

38. Sophocle, Aristophane, Lucien, etc., trad. en français par Artaud et autres. *Paris*, *Lefèvre*, 1841, 8 vol. in-12, br.

39. L'Expédition des Argonautes, ou la Conquête de la Toison d'or, par Apollonius de Rhodes, trad. par Caussin de Perceval. *Paris*, *an V*, in-8, demi-rel. mar. r.

40. Dictionnaire français-latin, publié par Quicherat. *Paris, Hachette*, 1858, in-8, br.

41. Argonautique de Valérius Flaccus, poëme, trad. par Dureau de la Malle. *Paris*, 1811, 3 vol. in-8, demi-rel.

42. Valérius Flaccus. L'Argonautique, ou Conquête de la Toison d'or, poëme, trad. pour la première fois en prose, par M. Caussin de Perceval. *Paris*, *Panckoucke*, 1829, in-8, demi-rel.

43. Poésies inédites du moyen âge, précédées d'une histoire de la fable ésopique, par Edelestand Duméril. *Paris*, *Franck*, 1854, in-8, br.

44. Dictionnaire historique de la langue française, publié par l'Académie française. *Paris*, *Didot*, 1865, 2 vol. in-4, br. (*Tome Ier en 2 parties.*)

45. Dictionnaire de l'Académie française. *Paris*, *Didot*, 1835, 2 vol. in-4, demi-rel.

46. Glossaire nautique, par Jal. *Paris*, *Didot*, 1848, in-4, demi-rel. v. f.

47. Gérard de Roussillon, récit du IXe siècle, d'après les textes originaux, par Ed. Clerc. *Paris*, 1869, gr. in-8, br.

48. Floire et Blanceflor, poëme du XIIe siècle, avec notes et glossaire, par Ed. Duméril. *Paris*, *Jannet*, 1858, in-12, cart.

49. OEuvres de Blaise Pascal (publ. par l'abbé Bossut). *La Haye*, 1779, 5 vol. in-8, v. f. fil. tr. dor.

50. Recueil des lettres de madame la marquise de Sévigné. *Paris*, 1754, 8 vol. in-12, v. portrait.

2. LANGUES ORIENTALES EN GÉNÉRAL.

51. Thesaurus linguarum orientalium, opera Meninski. *Viennæ*, 1680, 4 vol. in-fol. v.

52. Castelli Lexicon heptaglotton, auth. Edm. Castello. *Londini, Roycroft*, 1669, 2 vol. in-fol. vélin.

53. Recueil d'adages et de pensées détachées, tirés des langues orientales, par Duchenoud. *Paris, Challamel*, 1867, in-12, demi-rel. mar. r.

54. E. Renan. Histoire générale des langues sémitiques. *Paris*, 1855, in-8, br.

55. RECUEIL DE DISSERTATIONS de M. Silvestre de Sacy. 15 pièces en 2 vol. in-8, demi-rel.

Recueil de pièces devenues rares : Traité des monnaies musulmanes, 1797. — Sur la dynastie des Assassins, etc., etc.

56. M. CAUSSIN DE PERCEVAL. Mélanges. 7 pièces en 1 vol. in-8, demi-rel.

Notice et extrait du roman d'Antar, 1823. — La Mort de Zohaïr. — Relation du voyage en France de Refaa, 1833. — Notice sur les poëtes arabes, 1834. — Le Combat de Bedr, 1839. — Sur le Calendrier arabe, 1839.

3. LANGUE ARABE.

A. *Grammaires et dictionnaires.*

57. Grammatica arabica, dicta *Gjarumia*, cum vers. lat. Erpenii. *Leidæ*, 1617, in-4, vélin.

58. Grammatica arabica, *Agrumia* appellata, cum versione latina, ed. Orbicini. *Romæ*, 1621, pet. in-8, demi-rel.

59. Fabrica linguæ arabicæ, authore P. Dominico Germanio de Silesia. *Romæ*, 1639, in-fol. v. br.

60. Thomæ Erpenii Grammatica arabica. *Lugd.-Bat.*, 1767, in-4, vélin vert.

61. Grammatica linguæ mauro-arabicæ, opera et studio Francisci de Dombay. *Vindobonæ*, 1800, in-4, demi-rel.

62. Développements des principes de la langue arabe moderne, par Herbin. *Paris*, 1803, in-4, br.

63. Grammaire de la langue arabe, par Savary. *Paris*, *Impr. imp.*, 1813, in-4, demi-rel.

64. Grammaire arabe vulgaire, par M. Caussin de Perceval. *Paris*, 1824, in-4, demi-rel.'

65. GRAMMAIRE ARABE, par le baron Silvestre de Sacy, seconde édition. *Paris, Impr. roy.*, 1831, 2 vol. in-8, demi-rel. v. n. rogn.

Rare. Bel exemplaire.

66. Alfiyya, ou la Quintessence de la grammaire arabe, par Djemmal Eddin, publié par Silvestre de Sacy. *Paris*, 1833, in-8, demi-rel.

67. Commentaire de Moharrem effendi sur le commentaire de la grammaire cafia par Djami (en arabe). *Constantinople* (1226 *de l'hég.*), in-4, rel. orient.

68. Traité de langue arabe vulgaire, par Mohammed Ayyad el Tentavy. *Leipzig*, 1848, in-8, demi-rel.

69. Grammaire arabe, par Al. Bellemare. *Paris*, *Hachette*, 1850, in-8, demi-rel.

70. Essai de grammaire de la langue Tonnachek, par Hanoteau. *Paris, Impr. imp.*, 1860, in-8, br.

71. Anthologie arabe élémentaire, par Bresnier. *Alger*, 1852, in-12, demi-rel.

72. Grammaire arabe, à l'usage des Arabes de l'Algérie, par Gustave Dugat. *Paris, Impr. imp.*, 1854, 1854, in-8, br.

73. Cours de langue arabe, par Bresnier. *Paris, Challamel,* 1855, in-8, demi-rel.

74. Grammaire arabe vulgaire pour les dialectes d'Orient et de Barbarie. *Paris, Maisonneuve,* 1858, in-8, br. (4e édition).

75. Principes de grammaire arabe, par l'abbé Glaire. *Paris, Benj. Duprat,* 1861, gr. in-8, br.

76. Djaroumija. Grammaire arabe élémentaire, texte arabe et traduction, par Bresnier. *Alger,* 1866, in-8, br.

77. Cherbonneau. Principes de la langue arabe, ouvrages élémentaires. 14 vol. in-8 et in-12.

78. Principes de l'idiome arabe en usage à Alger, par Delaporte. *Alger*, 1836, in-8, br.

79. Éléments de la langue algérienne, par Pihan. *Paris, Impr. nat.*, 1851, in-8, br.

80. Essai de grammaire kabyle, par Hanoteau. *Paris, Challamel,* 1858, in-8, br.

81. The Kamoos or the Ocean, an arabic dictionary. *Calcutta*, 1817, 2 vol. in-fol. v. rac. fil.

Très-bel exemplaire.

82. Le Kamous. Dictionnaire arabe, par Firouzabadi, trad. en turc. *Constantinople*, 3 vol. in-fol. rel. orientale.

83. Subhai Sibyan. Petit Vocabulaire arabe-turc, en vers. *Constantinople*, 1224 *de l'Hég.* pet. in-8, cartonné.

84. Golii Lexicon arabico-latinum. *Lugd.-Bat., Elz.*, 1653, in-fol. vélin vert.

Exemplaire couvert de notes de la main de M. Caussin de Perceval

85. — Lexicon arabico-latinum. *Lugd.-Batav., Elzevir.*, 1653, in-fol. v. br.

86. Lexicon linguæ arabicæ in Coranum, auctore Willmet. *Roterodami*, 1784, in-4, demi-rel.

87. Ismaelis ebn Hammad, thesaurus vulgo dictus Liber Sehah, sive lexicon arabicum, edidit et lat. don. Scheidius. *Hard. Gelr.*, 1786, in-4, demi-rel.

Dans le même vol. : Ibn Doreidi poemata, 1778, arabice.

88. Diccionario español-arabigo compuesto por el Padre Cañes. *Madrid*, 1787, 3 vol. in-fol. demi-rel.

89. Dictionnaire français-arabe, par Ellious-Bocthor, Egyptien, revu et augm. par M. Caussin de Perceval. *Paris, Didot*, 1828, in-4, demi-rel. v.

90. Dictionnaire français-arabe, par Ellious-Bocthor, revu et augmenté par M. Caussin de Perceval. *Paris, Didot*, 1848, gr. in-8, demi-rel.

91. Dictionnaire français-arabe, par Ellious-Bocthor, revu et augmenté par Caussin de Perceval. *Paris, Didot*, 1848, gr. in-8, br.

92. Freytagii Lexicon arabico-latinum. *Halis Saxonum*, 1830, 4 vol. in-4, demi-rel.

93. Petit Dictionnaire arabe-français et français-arabe, par Roland de Bussy. *Alger*, 1836, in-8, br.

94. Dictionnaire arabe-français, par Kazimirski. *Paris, Maisonneuve*, 1860, 2 vol. gr. in-8, demi-rel.

Le titre du tome premier manque.

95. Dictionnaire arabe-français, par le R. P. Cuche. *Beyrouth*, 1862, gr. in-8, demi-rel.

96. Chrestomathie arabe, ou Extraits de divers écrivains arabes, avec une traduction française, par Silvestre de Sacy, seconde édition. *Paris, Impr. roy.*, 1826, 3 tomes en 6 vol. in-8, demi-rel. n. rogn.

Bel exemplaire.

97. Arabica Chrestomathia facilior, edidit Humbert. *Parisiis, è Typ. reg.*, 1834, in-8, demi-rel.

98. Anthologie arabe, ou Choix de poésies arabes inédites, par Humbert. *Paris, Treuttel et Wurtz*, 1819, in-8, demi-rel.

99. Anthologie arabe, ou Choix de poésies arabes inédites, trad. pour la première fois en français par Grangeret de la Grange. *Paris, Impr. roy.*, 1828, in-8, demi-rel.

100. Anthologie grammaticale arabe, ou Morceaux choisis de divers grammairiens arabes, avec une traduction, par le baron Silvestre de Sacy. *Paris, Impr. roy.*, 1829, 1 tome en 2 vol. in-8, demi-rel. v. n. rogn.

101. Arabica Analecta inedita, arabice edidit Humbert. *Parisiis, e Typ. reg.*, 1838, in-8, demi-rel.

102. Paléographie arabe, par Marcel. *Paris, Impr. roy.*, 1828, in-fol. br.

103. Guide de la conversation arabe, ou Vocabulaire franç.-arabe, par J. Humbert. *Paris*, 1838, in-8, br.

104. Guide du voyageur en Orient. Dialogues arabes, par Bérézine. *Saint-Pétersbourg*, 1857, gr. in-8, br.

B. *Textes arabes.*

105. Al Coranus, seu lex Islametica Muhammedis, ex museo Hinckelmanni edita, arabice. *Hamburgi,* 1694, pet. in-4, v.

106. Alcorani textus universus, edente Marraccio. *Patavii,* 1698, 2 vol. in-fol. v. m.

107. Corani Textus arabicus, recensuit Fluegel. *Lipsiæ,* 1834, in-4, cart.

108. *Noudjoum el fourkân.* Index du Coran (en arabe). *Imprimé à Calcutta,* 1226 *de l'Hég.* (1811), gr. in-4, demi-rel.

109. Le Coran, trad. de l'arabe par Savary. *Paris,* 1783, 2 vol. in-8, demi-rel.

110. Le Coran, trad. nouv. par Kazimirski. *Paris, Charpentier,* 1841, in-12, demi-rel.

111. Historia Josephi patriarchæ, ex Alcorano, arabice c. vers. latina et scholiis Th. Erpenii. *Leidæ*, 1617, in-4, vél.

112. Abulfeda. De Vita et rebus gestis Mohammedis, arabice et latine, edidit J. Gagnier. *Oxonii*, 1723, in-fol. demi-rel.

113. La Vie de Mahomet, trad. par Gagnier. *Amst.*, 1732, 2 vol. in-12, v. br.

114. Vie de Mohammed, texte arabe d'Abou'lféda, accompagné d'une traduction franç. par Noël des Vergers. *Paris*, *Impr. roy.*, 1838, gr. in-8, mar. r. fil. tr. dor. gr. pap.

Bel exemplaire de dédicace.

115. Liber As Sojutii de nominibus relativis, ed. Veth. *Lugd.-Batav.*, 1840. — Supplementum annotationis in librum As-Sojutii scripsit Veth. *Lugd.-Bat.*, *Brill.*, 1851, 2 part. en 1 vol. in-4, pap. de Holl. demi-rel.

116. Liber As-Sojutii de nominibus relativis, arabice edidit J. Veth. *Lugd.-Bat.*, 1840, 2 tom. en 1 vol. in-4, demi-rel.

117. Commentaire par Hoçayn-ben-Mouin-Eddin-el-Moïbadi, sur l'ouvrage philosophique intitulé *Hidayat-el-Hikma*, in-4, 114 ff. rel. orient.

118. *El Borhan el Kelembewi ma el hachia.* Opuscule sur la logique, par Ismaïl Efendi Kélembewi, avec commentaire (en arabe). *Scutari* (*de l'Hég.* 1221), pet. in-8, cart.

119. *Mecamat el Hariri.* Les Séances de Hariri, avec commentaire marginal (en arabe). *Boulaq*, in-4, broch.

120. Haririi tres priores Consessus, arab. edidit et notis illustravit Schultens. *Franequeræ*, 1731, in-4, — Haririi Consessus IV, V, VI, edidit Schultens. *Lugd.-Bat.*, 1740. — Monumenta vetustiora Arabiæ. 1740, 3 part. en 2 vol. in-4, vélin.

121. Les Séances de Hariri, publiées en arabe, avec un commentaire choisi, par Silvestre de Sacy. *Paris, Impr. roy.*, 1822, 2 part. en 1 vol. in-fol. demi-rel.

122. Les Séances de Hariri, publiées en arabe, avec un commentaire choisi, par Silvestre de Sacy. Deuxième édition, revue par MM. Reinaud et Derembourg. *Paris, Impr. roy.*, 1847, 2 vol. in-4, demi-rel.

123. Pend Nameh, ou le Livre des conseils de Ferrid Eddin Attar, trad. et publ. par Silvestre de Sacy. *Impr. roy.*, 1819, in-8, demi-rel.

124. Les Oiseaux et les Fleurs, allégories morales d'Azz-Eddin Elmocadessi, publ. en arabe avec une traduction et des notes par M. Garcin de Tassy. *Paris, Impr. roy.*, 1821, in-8, demi-rel.

125. Specimen proverbiorum Meidani, edidit Schultens. *Londini*, 1773, in-4, demi-rel.

126. Ét. Quatremère. Mémoire sur le Kitab Alagani, ou Recueil de chansons, 1838. — Proverbes arabes de Meïdani, 1838. — Etc. 5 part. in-8, br.

127. Le Livre d'Abd-el-Kader, intitulé : Rappel à l'intelligent, avis à l'indifférent, trad. par Gustave Dugat. *Paris*, 1858, gr. in-8, demi-rel.

128. Taalibii Syntagma dictorum brevium et acutorum, arabice; ed. et lat. donav. Valeton. *Lugd.-Bat.*, 1844, in-4, br.

129. Euclidis Elementorum libri (arabice). *Romæ*, 1594, in-fol. v. f. (*Exemplaire de Huet, évêque d'Avranches.*)

130. *El Canoun fil tibb.* Le Canon de la médecine, par Ibn Sina (Avicenne), suivi de divers traités du même auteur sur la logique, la physique et la théologie scolastique (*en arabe*). *Romæ, in Typog. Medicea*, 1593, in-fol. vel.

131. Rhazes de variolis et morbillis, arabice et latine, cura Channing. *Londini*, 1766, in-8, bas.

132. *Kholaçat el Hiçab.* Traité arabe d'arithmétique, expliqué en persan. *Calcutta, s. d.,* gr. in-8, demi-rel.

133. Almanachs arabes, imprimés en Égypte. 12 br. 6 vol.

134. *Kittab ettabia.* Traité de physique par le doct. Perron (en arabe). *Boulâq,* 1254 *de l'Hég.* (1838), in-4, rel. orientale.

135. Traité des instruments astronomiques des Arabes, par Aboul-Hassan-Ali, trad. par Sédillot. *Paris, Impr. roy.,* 1834, 2 vol. in-4, br.

136. Prolégomènes des tables astronomiques d'Oloug-beg, trad. et comment. par Sédillot. *Paris, Didot,* 1853, gr. in-8, br.

137. Livres de demandes et questions sur l'art militaire, en arabe, par lord Munster. In-8, br.

Lithographié.

138. Al-Makrisi. Tractatus de legalibus Arabum ponderibus et mensuris, arab. ed. Tychsen. *Rostochii,* 1800, in-12, demi-rel.

139. Le Nâceri, la perfection des deux arts; traité complet d'hippologie et d'hippiatrie arabe, trad. par Perron. *Paris,* 1852, in-8, br. (1re *partie.*)

140. Le Livre de l'agriculture d'Ibn al Awam, trad. de l'arabe par Clément Mullet. *Paris, Franck,* 1864-67, 3 vol. in-8, br.

141. Specimen arabicum continens descriptionem et excerpta libri Achmedis Teifaschii de gemmis et lapidibus pretiosis, ed. Ravius. *Traj. ad Rh.,* 1784, in-4, demi-rel.

142. Septem Moallakât, carmina antiquissima Arabum, textum recensuit et scholia addidit Fr. Arnold. *Lipsiæ,* 1850, in-4, demi-rel.

143. Les Sept Moallakât, texte arabe, suivi du commentaire de Zouzémi sur la Moallaka d'Imroulcays. *S. l. n. d.,* in-4, demi-rel.

144. Antara, poema arabicum Moallakah, c. integr. Zouzemii notis, arab. et lat. edidit Menil, observ. subjunxit Willmet. *Lugd.-Bat.*, 1816, in-4, demi-rel.

145. Tharaphæ Moallakah cum scholiis Nahas, arabice edidit, vertit, illustravit Reiske. *Lugd.-Bat.*, 1752, in-8, vél.

146. Tarafæ Moallaca, cum Zuzemii scholiis, arab. et lat. edidit Vullers. *Bonnæ*, 1829, in-4, demi-rel.

147. Caab Ben Zoheir, Carmen in laudem Muhammedis ; item Amralkeisi Moallakat cum scholiis, arabice edidit et lat. vertit J. Lette. *Lugd.-Bat.*, 1748, in-4, vélin.

148. Zohairi Carmen arab. et lat. edidit Rosenmüller. *Lipsiæ*, 1792, in-4, demi-rel.

149. Carmen mysticum Borda dictum, e manuscr. editum et lat. conversum edidit J. Uri. *Lugd.-Bat.*, 1761, in-4, demi-rel.

150. Le Diwan d'Amrolkais, texte arabe et trad. par Mac-Guckin de Slane. *Paris*, *Impr. royale*, 1837, in-4, br.

151. Ali ben Abi Taleb, Carmina arab. et latine, edidit Kuypers. *Lugd.-Bat.*, 1745. in-8, demi-rel.

152. *Hadicat-el-Afrahli izahat-el-atrah*. Les Jardins des plaisirs, par Ahmed-ben Mohammed-el-Ansari el-Yamani-el-Chirwani (ouvrage comprenant des biographies littéraires, des poésies et des anecdotes) (*en arabe*). *Calcutta*, 1229 *de l'Hég.* (1814), in-fol. demi-rel.

153. Commentaire historique sur le poëme d'Ibn Abdoun, par Ibn Badroun, publ. par Dozy. *Leyde*, 1846, in-8, demi-rel.

154. Poemation Ibn Doreïdi cum scholiis arab. excerptis, edidit Haitsma. *Franequeræ*, 1773, in-4, vélin.

155. Le Divan de Ferazdak, publié avec une trad. franç. par R. Boucher (1re partie). *Paris,* 1870, in-4.

156. Hamasæ Carmina cum Trebrizii scholiis, primum edidit, versione latina illustravit Freytag. *Bonnæ,* 1828, 2 tomes en 3 vol. in-4, demi-rel.

157. Carmen Tograi, cum versione lat. opera Pocockii. *Oxonii,* 1661, in-12, demi-rel.

158. Chant patriotique, en arabe, par le cheykh Réfâa. *S. l. n. d.,* in-4, demi-rel.

159. Abulfedæ Descriptio Æpypti, arab. et lat. edidit Michaelis. *Gœttingue,* 1776, in-4, demi-rel.

160. Géographie d'Abulféda, texte arabe, publ. par Reinaud et Mac-Guckin de Slane. *Paris, Impr. roy.*, 1840, in-4, demi-rel.

161. Géographie d'Abulféda, trad. de l'arabe en français par M. Reinaud. *Paris, Impr. nationale,* 1848, 2 vol. in-4, demi-rel.

162. *Noushat el Mouchtak*..... Abrégé de la Géographie d'El-Edrisi. (*Rome*), in-4, v. br. (*En arabe.*)

163. Lexicon geographicum, nunc primum arabice edidit Juynboll. *Lugd.-Bat.*, *Brill.*, 1852, 3 vol. in-8, demi-rel.

164. Edrisii Africa, curavit Hartmann. *Gottingæ,* 1796, in-8, demi-rel.

165. Anciennes Relations des Indes et de la Chine, de deux voyageurs mahométans du IXe siècle, traduit de l'arabe. *Paris, J.-B. Coignard*, 1718, in-8, v. br.

166. Relation des voyages faits par les Arabes et les Persans dans l'Inde et à la Chine dans le IXe siècle de l'ère chrétienne, texte arabe et trad. publ. par M. Reinaud. *Paris, Impr. roy.*, 1845, 2 vol. in-12, demi-rel.

167. The Travels of Ibn Batutah, transl. by Lee. *London,* 1829, in-4, demi-rel.

168. Voyages d'Ibn Batoutah, texte arabe et trad. par Ch. Defrémery et Sanguinetti. *Paris*, 1853, 4 vol. in-8, demi-rel.

169. Voyage au Darfour, trad. de l'arabe par le doct. Perron. *Paris*, 1845, gr. in-8, demi-rel.

170. Voyage au Darfour, voyage au Soudan et parmi les Arabes du centre de l'Afrique, par le cheyk Mohammed Ibn-Omar el Tounsy, autogr. et publ. en arabe, par le doct. Perron. *Paris*, 1850, in-4, demi-rel.

171. Voyage au Ouaday, traduit de l'arabe par le doct. Perron. *Paris, Duprat*, 1851, in-8, demi-rel. *Figures.*

172. *Rihlat ibn Djobaïr.* The Travels of Ibn Jubaïr, edited by W. Wright. *Leyden, Brill*, 1852, in-8, demi-rel.

173. Epochæ celebriores Arabum, Persarum, etc., ex traditione Olug Beigi, edidit Joh. Gravius. *Londini*, 1650, in-4, v. br.

174. *Kalaïd el Mefakhir*, par le cheykh Refaa; Mœurs et usages des nations (en arabe). *Imprimé à Boulaq* (1249 *de l'hég.*), in-4, rel. or.

175. Abul Pharagii Historia dynastiarum, arab. et lat. *Oxoniæ*, 1672, 2 vol. in-4, v.

176. Abulfedæ Historia ante-Islamica, arabice, edidit Fleischer. *Lipsiæ*, 1831, in-4, demi-rel. bas.

177. Abulfedæ Annales muslemici, arabice et lat., opera et studiis J. Reiskii. *Hafniæ*, 1789, 5 vol. in-4, demi-rel. (*Notes manuscrites de M. Caussin de Perceval.*)

Très-rare.

178. Specimen historiæ Arabum, auctore Pocockio, edidit White. *Oxonii*, 1806, in-4, demi-rel.

179. *Mizân Ezzemân.* La Balance du temps (en arabe). *Imprimé au couvent de Mar-Hanna (St-*

Jean) dans le Liban (1734 *de J.-C.*), in-4, rel. orientale.

180. Le Livre de la grande table Hakémite, publié en arabe et traduit par le citoyen Caussin. *Paris, de l'Imprimerie de la République*, 1804, in-8, br.

181. Historia Saracenica, arabice exarata a G. Elmacino, et latine reddita opera et studio Thomæ Erpenii. *Lugd.-Bat., apud Elzevirios*, 1625, in-fol. v. br.

182. Vita et res gestæ sultani Saladini, ex Abulfeda; arabice et latine, edidit Schultens. *Lugd.-Batav.*, 1732, in-fol. v.

183. Selecta ex historia Halebi, edidit arab. Freytag. *Lut.-Par.*, 1819, in-8, demi-rel.

184. Chronique de Tabari, trad. par Dubeux. *Paris*, 1836, in-4, br.

185. Hamzæ Ispahanensis Annalium libri X, edidit Gottwaldt. *Petropoli*, 1844-48, 2 part. pet. in-8, demi-rel. et br.

Texte arabe et traduction latine.

186. Maçoudi. Les Prairies d'or, texte et trad. par Barbier de Meynard et Pavet de Courteille. *Paris, Impr. imp.*, 1864, 3 vol. in-8, br.

187. Monumenta antiquissimæ historiæ Arabum, edidit et lat. vertit Eichhorn. *Gothæ*, 1775, in-8, demi-rel. mar. r.

188. Histoire de l'Afrique sous la dynastie des Aghlabites et de la Sicile sous la domination musulmane. Texte arabe d'Ebn Khaldoun, avec une trad. franç. par Noël des Vergers. *Paris, Didot*, 1841, gr. in-8, v. tr. dor.

189. Histoire de la Sicile, trad. de l'arabe du Novaïri, par J.-A. Caussin. *S. l. n. d.*, in-8, br.

190. Histoire des Berbères et des dynasties musulmanes de l'Afrique septentrionale, par Ibn Khal-

doun, texte arabe, publ. par le baron de Slane. *Alger,* 1847, 2 vol. in-4, demi-rel.

191. Histoire des Berbères et des dynasties musulmanes de l'Afrique septentrionale, par Ibn Khaldoun, trad. de l'arabe par le baron de Slane. *Alger,* 1852, 4 vol. in-8, demi-rel.

192. Histoire de l'Afrique et de l'Espagne, par Ibn Adhari (de Maroc), et fragment de la Chronique d'Abib, publ. par Dozy. *Leyde*, *Brill*, 1848-51, 2 vol. in-8, demi-rel.

193. Ægyptus, auctore Ibn al Vardi, arabice edidit Fraehn. *Halæ*, 1804, in-8, cart.

194. L'Égypte de Murtadi, de la trad. de Pierre Vattier. *Paris*, *Jolly,* 1666, in-12, v. br.

195. Abdollatiphi Compendium memorabilium Ægypti, arabice edidit White. *Tubingæ*, 1789, in-8, demi-rel.

196. Relation de l'Égypte, par Abd-Allatif, trad. par Silvestre de Sacy. *Paris*, 1810, in-4, demi-rel.

197. Mackrizi. Historia regum Islamiticorum, arabice edidit Rinck. *Lugd.-Bat.*, 1790, in-4, demi-rel.

198. Histoire des sultans mamlouks de l'Égypte, écrite en arabe par Makrizi, trad. en français par Ét. Quatremère. *Paris*, 1837, 2 vol. in-4, demi-rel.

199. Al Makrisi. Historia monetæ arabicæ, nunc primum edita ab Olao Tychsen. *Rostochii*, 1797, pet. in-8, demi-rel.

200. Histoire de la campagne de Mohacz, par Kemal pacha Zadeh, publié avec la traduction par M. Pavet de Courteille. *Paris*, *Impr. imp.*, 1859, in-8, br.

201. Description des pays du Maghreb, texte arabe d'Abu'lfeda trad. par Solvet. *Alger,* 1839, in-8, demi-rel.

201 *bis*. Histoire des souverains du Maghreb et Annales de la ville de Fez, trad. de l'arabe par Beaumier. *Paris, Impr. imp.*, 1860, in-8, br.

202. Chroniques de la régence, trad. d'un ms. arabe par Alphonse Rousseau. *Alger,* 1841, gr. in-8, br.

203. Ahmedis Arabsiadæ vitæ et rerum gestarum Timuri historia, arab. et latine edidit S. Mauger. *Leovardiæ,* 1767, 2 vol. in-4, demi-rel.

204. The History of Timour, arabic written by Ibno Arab shah. *Calcutta,* 1818, in-8, demi-rel.

205. Historia priorum regum Persarum ex Mahomede Mirchond, arabice edidit de Ienisch. *Viennæ*, 1782, in-4, cart.

206. Ibn Khallikan's biographical Dictionary, translated from the arabic by Mac Guckin de Slane (vol. III). *Paris*, 1868, gr. in-4, br.

207. Vies des hommes illustres de l'islamisme, en arabe, par Ibn Khallikan, publ. par Mac Guckin de Slane. *Paris, Didot,* 1842, in-4, demi-rel. (tome I[er]).

208. *Sirat el Iscandar.* Histoire romanesque d'Alexandre le Grand, en arabe. 6 vol. pet. in-4, demi-rel.

209. Extrait du Roman d'Antar, texte arabe (publ. par M. Caussin de Perceval). *Paris, Didot,* 1841, gr. in-8, demi-rel. mar.

210. *Alf Leila, oua leyla.* Mille et une Nuits (en arabe). *Boulaq,* 2 vol. in-fol. rel. orientale.

211. Les Mille et une Nuits, en arabe, publiées par Habicht. *Breslau*, 1825, tom. I à VI et IX à XII, 10 vol. in-12, demi-rel.

212. Continuation des Mille et une Nuits, contes arabes, trad. littér. en français par Dom Chavis et rédigés par Cazotte. *Genève*, 1788, 4 vol. in-12, demi-rel.

213. Les Mille et une Nuits, contes arabes, trad. par Galland et continués par M. Caussin de Perceval. *Paris*, 1806, 9 vol. in-18, demi-rel.

214. Les Voyages de Sindbad le Marin et la Ruse des femmes, contes arabes, trad. littérale par Langlès. *Paris*, *Impr. roy.*, 1814, in-12, d.-rel.

215. La Colombe messagère, par Michel Sabbagh, trad. de l'arabe par Silvestre de Sacy. *Paris*, *Impr. imp.*, 1805, in-8, demi-rel.

216. Calila et Dimna, ou Fables de Bidpai (en arabe), publ. par Silvestre de Sacy. *Paris, Impr. roy.*, 1816, in-4, demi-rel.

217. Le Collier d'or, par Abou-Nassa el Fatah-ben-Grakan (en arabe). *Paris*, *Challamel*, 1864, in-8, broché.

218. Abrégé de Robinson Crusoé, en arabe. *Malte*, 1835, in-12, bas.

219. Epistolæ quædam arabicæ, a Mauris, Ægyptiis et Syris conscriptæ, edidit, latine vertit et glossarium adjecit Habicht. *Vratislaviæ*, 1824, in-4, demi-rel.

220. Modèles de lettres et d'actes, en arabe. *Boulak* (*an de l'h.* 1250), in-4, demi-rel.

221. I Diplomi Arabi del R. archivio Fiorentino. Testo originale con la trad. di Mich. Amari (con appendice). *Firenze*, 1863-1867, 2 vol. in-4, cart.

222. Liber Psalmorum Davidis, arabice et latine. *Romæ*, 1614, in-4, v. br.

4. LANGUES ORIENTALES DIVERSES.

223. Grammaire hébraïque, par Ladvocat. *Paris*, 1765, in-8, demi-rel.

224. Cours de poésie sacrée, par Lowth, trad. par Roger. *Paris*, 1813, 2 t. en 1 vol. in-8, v. rac.

225. Meninski. Institutiones linguæ turcicæ. *Vindobonæ*, 1756, in-4, demi-rel.

226. Éléments de la grammaire turque, par Amédée Jaubert. *Paris*, *Impr. roy.*, 1823, in-4, demi-rel.

227. Vocabulaire français-turc, par Bianchi. *Paris*, 1831, in-8, demi-rel.

228. Dictionnaire turc-français, par Bianchi. *Paris*, *Impr. roy.*, 1835, 2 vol. in-8, demi-rel.

229. Dictionnaire turk oriental, par M. Pavet de Courteille. *Paris*, *Impr. imp.*, 1870, gr. in-8, br.

230. Jurisprudence civile et religieuse des musulmans, recueil de Fetvas, par Nafiz Mohamed Kédouci (en turc). *Constantinople* (1237 *de l'hég.*), in-4, rel. or.

231. De la Littérature turque, par l'abbé Toderini, trad. de l'italien par l'abbé de Cournand. *Paris*, 1789; 3 t. en 1 vol. in-8, demi-rel.

232. L'Ancien et le Nouveau Testament en turc. *Paris*, 1827, gr. in-4, v.

233. *Ouçoudi Hendécé*. Principes de géométrie (en turc). *Constantinople*, in-4, rel. or.

234. *Medjmouai hendécé*... Traité de géométrie, en turc. *Constantinople*, *s. d.*, in-4, rel. or.

235. Solution d'un problème de géométrie, en turc. *Constantinople, s. d.*, in-4, rel. or.

236. *Djihan numa*. Traité de géographie par Hadji Khalfa (en turc). *Constantinople* (1145 *de l'hég.*), gr. in-fol. rel. orientale.

237. *Tohfet el Kibar fi asfar el Bihar*. Guerres maritimes des Ottomans (en turc). *Constantinople*, 1141 *de l'hég.*, in-4, cart.

238. Précis historique de la destruction du corps des janissaires par le sultan Mahmoud, en 1826, trad. du turc par M. Caussin de Perceval. *Paris*, *Didot*, 1833, in-8, demi-rel.

239. Précis historique de la guerre des Turcs contre les Russes, tiré des annales de Vassif-Effendi, par Caussin de Perceval. *Paris, Lenormand*, 1822, in-8, demi-rel.

240. *Aghwan tarikhi.* Histoire des Afgans (en turc). *Constantinople* (1142 *de l'hég.*), in-4, rel. or.

241. *Tarikhi Fénaï.* Histoire des anciens rois de Perse, par Fenaï, en turc. *Vienne* (*an de l'hég.* 1199, *de J.-C.* 1784), in-4, demi-rel.

242. Histoire de l'expédition des Français en Égypte, par Nakoula el Turk, trad. par Desgranges. *Paris, Impr. roy.*, 1839, in-8, demi-rel.

243. Gazophylacium linguæ Persarum, auctore Aug. a S. Josepho. *Amst.*, 1684, in-fol. v. f.
Exemplaire de Huet, évêque d'Avranches.

244. Dictionarium persico-latinum, opera Golii et Castelli. *S. l. n. a.*, in-fol. v. m.

245. The Persian monshee, by Francis Gladwin, persice. *Calcutta*, 1801, in-4, demi-rel.

246. Anthologia Persica. *Viennæ*, 1778, in-4, demi-rel. — Elementa linguæ persicæ, auth. Gravio. *Londini*, 1649, in-4, vél.

247. Selections from the Bostan of Sadi, by Forbes Falconer (texte). *London*, 1838, in-16, cart.

248. Gulistan, ou le Parterre des roses, par Sadi, trad. du persan par Defrémery. *Paris, Didot*, 1858, in-12, demi-rel.

249. Vie de Djenghiz Khan, par Mirkhond, texte persan. *Paris, Didot*, 1841, gr. in-8, demi-rel. maroquin.

250. Mirchondi historia Samanidarum persice, edidit et notis illustravit Wilken. *Gottingæ*, 1808, in-4, demi-rel.

251. Histoire des Samanides de Mirkhond, texte persan, publ. par Defrémery. *Paris, Impr. roy.*, 1845, in-8, demi-rel.

252. Histoire des Seldjoukides et des Ismaéliens, trad. du persan par Defrémery. *Paris, Impr. nat.*, 1849, in-8, br.

253. Moïse de Khorène. Histoire d'Arménie, texte arménien et traduction par Levaillant de Florival. *Paris, Dondey-Dupré, s. d.*, 2 vol. in-8, br.

254. Le Mahabharata, onze épisodes tirés de ce poëme épique, par Ed. Foucaux, *Paris, Benj. Duprat*, 1862, in-8, br.

255. La Reconnaissance de Sacountala, drame sanscrit, traduit par Foucaux. *Paris, Picard*, 1867, in-12, cart.

256. Rudiments de la langue hindoustani, par Garcin de Tassy. *Paris*, 1829, in-4, demi-rel.

257. Les Aventures de Kamrup, par Tahcin-Uddin, trad. de l'hindoustani par Garcin de Tassy. *Paris*, 1834, in-8, demi-rel.

258. Poésies de l'époque des Thang (VIIe-IXe siècles de notre ère), trad. du chinois par le marquis d'Hervey-S.-Denis. *Paris, Amyot*, 1862, in-8, br.

259. Le Pi-pa-ki, ou l'Histoire du luth, drame chinois, trad. par Bazin. *Paris*, 1841, in-8, br.

260. Histoire de la vie de Hiouen-Thsang et de ses voyages dans l'Inde, trad. par St. Julien. *Paris, Impr. imp.*, 1853, gr. in-8, br.

261. Grammaire javanaise, par l'abbé Favre. *Paris, Impr. imp.*, 1866, in-8, br.

HISTOIRE.

GÉOGRAPHIE, VOYAGES, HISTOIRE.

262. Périple de Marcien d'Héraclée, ou Supplément aux dernières éditions des petits géographes, avec une carte, par Miller. *Paris, Impr. roy.*, 1839, in-8, br.

263. Notitia orbis antiqui, aut. Cellario. *Lipsiæ*, 1731, 2 vol. in-4, demi-rel.

264. Mémoires sur l'Égypte ancienne et moderne, par d'Anville. *Paris, Impr. roy.*, 1766, in-4, v. m.

265. Michaelis Spicilegium geographiæ Hebræorum exteræ. *Gottingæ*, 1769, in-4, demi-rel.

266. H. Relandi Palestina, ex mon. veteribus illustrata. *Trajecti Bat.*, 1714, 2 t. en 1 vol. in-4, vél.

267. Dictionnaire géographique de la Perse, extrait de Yakout et complété à l'aide des documents arabes et persans, par Barbier de Meynard. *Paris, Impr. imp.*, 1861, gr. in-8, br.

268. Recueil de voyages et de mémoires publiés par la Société de géographie. *Paris*, 1825, 2 vol. in-4, demi-rel.

Voyages de Marco Polo, etc.

269. Voyages dans l'Asie Mineure, par Rich. Chandler, trad. de l'anglais. *Paris*, 1806, 3 vol. in-8, demi-rel. bas.

270. Itinéraire d'une partie peu connue de l'Asie Mineure (par de Corancez). *Paris*, 1816, in-8, demi-rel.

271. Des Peuples du Caucase dans le dixième siècle, ou Voyage d'Abou el Cassim, par d'Hosson. *Paris, Didot*, 1828, in-3, demi-rel.

272. Relation d'un voyage dans le Levant, par Pitton de Tournefort. *Lyon*, 1717, 3 vol. in-8, v. br.

273. Pérégrinations en Orient, par Eusèbe de Salle. *Paris*, 1840, 2 vol. in-8, br.

274. Relation d'un séjour à Beyrout et dans le Liban, par H. Guys. *Paris*, 1847, 2 vol. in-8, br.

275. Les Samaritains de Naplouse, épisode d'un pèlerinage dans les lieux saints. *Paris*, 1855, gr. in-8, br.

276. Voyage en Arabie, par Niebuhr, trad. en fr. *Amsterdam*, 1776, 4 vol. in-4, demi-rel.

277. Voyage en Arabie, par Burckhardt, trad. de l'anglais par Eyriès. *Paris, Arthus Bertrand*, 1835, 3 vol. in-8, demi-rel. *Cartes*.

278. Voyage en Arabie, par Maurice Tamisier. *Paris, Desessart*, 1840, 2 vol. in-8, demi-rel.

279. Relation d'un voyage dans l'Yémen, par Paul-Emile Botta. *Paris*, *B. Duprat*, 1841, in-8, demi-rel. v. r.

280. Voyages du chevalier Chardin en Perse. *Amsterdam,* 1735, 4 vol. in-4, v. fig.

281. Voyage dans l'Inde, par de Grandpré. *Paris*, 1806, 2 vol. in-8, demi-rel. — Voyage à Madagascar, par l'abbé Rochon. *Paris,* 1806, in-8, demi-rel.

282. Relation authentique du voyage du capitaine de Gonneville ès nouvelles terres des Indes (1503-1505), publ. par M. d'Avezac. *Paris, Challamel*, 1869, in-8, br.

283. Voyage aux sources du Nil, en Nubie et en Abyssinie, par Bruce, trad. par Castéra. *Paris*, 1790, 5 vol. in-4, demi-rel.

284. Nouvelle Relation en forme de journal d'un voyage fait en Egypte, par Vansleb. *Paris*, 1798, in-12, v.

285. Notice sur la régence de Tunis, par H. du Nant. *Genève*, 1858, gr. in-8, br.

286. Voyage archéologique dans la régence de Tunis, par V. Guérin. *Paris*, *Plon*, 1862, 2 vol. in-8, demi-rel.

287. Le Grand Désert, ou Itinéraire d'une caravane du Sahara au pays des nègres, par le général Daumas. *Paris*, 1850, gr. in-8, br.

288. Le Désert et le Soudan, par le comte d'Escayrac de Lauture. *Paris*, 1853, gr. in-8, br.

289. Histoire d'Hérodote, trad. du grec par Larcher. *Paris*, *Lefèvre*, 1840, 2 vol. in-12, demi-rel. — Histoire de Thucydide, trad. du grec par Lévesque. *Paris*, *Lefèvre*, 1840, in-12, demi-rel.

290. Histoire de l'esclavage dans l'antiquité, par Wallon. *Paris*, *Impr. roy.*, 1847, 3 vol. in-8, demi-rel.

291. Annales des Lagides, ou Chronologie des rois grecs d'Egypte, par Champollion-Figeac. *Paris*, 1819, 2 vol. in-8, demi-rel.

292. Recherches sur les établissements des Grecs en Sicile, par W. Brunet de Presle. *Paris*, *Impr. roy.*, 1845, gr. in-8, demi-rel.

293. Titi Livii Historiarum libri, recensuit Lallemand. *Parisiis*, *Barbou*, 1775, 7 vol. in-12, v. tr. dor.

294. Histoire de la république romaine, par Salluste, trad. par Ch. de Brosses. *Dijon*, 1777, 3 vol. in-4, v. m. fil. tr. dor.

295. Histoire du Bas-Empire, par Lebeau, nouvelle édition, augmentée d'après les historiens orientaux, par de Saint-Martin. *Paris*, *Didot*, 1824, 21 vol. in-8, demi-rel.

296. Le Palais impérial de Constantinople et ses abords, par Jules Labarte. *Paris*, *V. Didron*, 1861, gr. in-4, br. *Fig.*

297. Ch. Lenormant. Cours d'histoire ancienne. Introduction à l'histoire de l'Asie occidentale. *Paris*, 1837, in-8, demi-rel.

298. Manuel d'histoire ancienne de l'Orient, par Fr. Lenormant. *Paris*, 1868, 2 vol. in-12, br.

299. Invasions des Sarrazins en France, d'après les auteurs mahométans, par Reinaud. *Paris*, 1836, in-8, demi-rel.

300. Michaud. Histoire des croisades. *Paris*, *Furne*, 1862, 4 vol. in-8, demi-rel. fig.

301. Extraits des historiens arabes relatifs aux guerres des croisades, par Reinaud. *Paris*, *Impr. roy.*, 1829, in-8, demi-rel.

Rare.

302. Recueil des historiens des croisades (documents arméniens, tome 1er). *Paris, Impr. imp.*, 1869, in-fol. br.

303. Etudes sur la géographie historique de la Gaule, par Max. Deloche. *Paris, Impr. imp.*, 1864, in-4, br.

304. Atlas des départements de la France, par Alex. Baudoin. *Paris*, 1826, gr. in-fol. demi-rel.

305. Jacques Cœur et Charles VII, ou la France au XVe siècle, étude historique par Pierre Clément. *Paris, Guillaumin*, 1853, 2 vol. in-8, demi-rel.

306. Histoire des ducs de Guise, par René de Bouillé. *Paris*, *Amyot*, 1849, 3 vol. in-8, br.

307. Guillaume III et Louis XIV. Histoire des luttes et rivalités politiques entre les puissances maritimes et la France dans la dernière moitié du XVIIe siècle, par Sirtema de Grovestins. *Paris*, 1868, 8 vol. in-8, br.

308. Histoire de l'administration de la police de Paris, par Frégier. *Paris, Guillaumin*, 1850, 2 vol. in-8, demi-rel.

309. Histoire du château et du bourg de Blandy, en Brie, par Taillandier. *Paris, Dumoulin*, 1854, gr. in-8, br.

310. Les Germains avant le christianisme, par Ozanam. *Paris*, *Lecoffre*, 1847, in-8, demi-rel.

311. Histoire de la lutte des papes et des empereurs de la maison de Souabe par de Cherrier. *Paris, Courcier*, *s. d.*; 4 vol. in-8, br. et rel.

312. Introduction à l'histoire diplomatique de l'empereur Frédéric II, par Huillard-Bréholles. *Paris, Plon*, 1858, 3 br. in-4.

313. Histoire de Joseph II, empereur d'Allemagne, par Camille Paganel. *Paris, Plon*, 1853, in-8, demi-rel. v.

314. Histoire d'Espagne, par Rosseeuw-Saint-Hilaire. *Paris, Levrault*, 1837, 2 vol. in-8, br.

315. Mémoires sur la Grèce et l'Albanie sous Ali-Pacha, par Ibrahim-Manzour effendi. *Paris*, 1827, in-8, demi-rel. v. tr. dor.

316. Bibliothèque orientale, par d'Herbelot. *Paris*, 1697, in-fol.

Exemplaire couvert de notes mss. de la main de M. Caussin de Perceval.

317. Historia Orientalis, authore Hottingero. *Tiguri*, 1660, in-4, vélin.

Recueil de six Mémoires composés sur les textes orientaux.

318. Tableau historique de l'Orient (par d'Hosson). *Paris, Didot*, 1804, 2 vol. in-8, demi-rel.

319. Mémoires d'histoire orientale, par Defrémery. *Paris, Didot*, 1854-62, 2 t. en 1 vol. in-8, demi-rel. v. et br.

320. Du Four de Longuerue. Dissertationes de variis epochis et anni forma veterum Orientalium. *Lipsiæ*, 1750, in-4, vélin.

321. Vergleichungs-Tabellen der Muhammedanischen und Christlichen Zeitrechnung, hergg. von Wustenfeld. *Leipzig*, 1854, in-4, demi-rel.

322. De l'Univers pittoresque : Arabie; par Jomard. — Turquie, par Jouannin. — Tartarie, par Dubeux. — Phénicie, par Hoefer. *Paris, Didot, s. d.*, 4 vol. in-8, br.

323. Histoire de l'Empire ottoman, par M. Mignot. *Paris, Leclerc*, 1771, in-4, demi-rel.

324. Tableau général de l'Empire ottoman, par d'Osson. *Paris*, 1788-1824, 7 vol. in-8, demi-rel.

325. Histoire des révolutions de l'Empire des Arabes, par l'abbé de Marigny. *Paris*, 1750, 4 vol. in-12, v. m.

326. Histoire des Arabes sous le gouvernement des califes, par l'abbé de Marigny. *Paris*, 1750, 4 vol. in-12, v. m.

327. M. Caussin de Perceval. Essai sur l'histoire des Arabes. *Paris, Didot*, 1847, 3 vol. in-8, demi-rel. v.

Ouvrage devenu très-rare.

328. Essai sur l'histoire des Arabes avant l'Islamisme, par M. Caussin de Perceval. *Paris, Didot*, 1848, in-8, br. (tome 3e).

Deux exemplaires.

329. Histoire des Arabes, par Sédillot. *Paris, Hachette*, 1854, in-12, br.

330. La Vie de l'imposteur Mahomet (trad. de Prideaux). *Paris*, 1699, in-12, v. br.

331. The Life of Mahomet, by W. Muir. *London*, 1861, 4 vol. gr. in-8, cart.

332. Mahomet et le Coran, par J. Barthélemy-Saint-Hilaire. *Paris, Didier*, 1865, in-8, br.

333. Mahomet et l'Islam. Etude historique par Imberdis. *Philippeville*, 1867, in-8, br. — Notice sur Mahomet, par Reinaud. *Paris, Didot*, 1860, in-8, br.

334. La Vie arabe et la Société musulmane, par le général Daumas. *Paris, Mich. Lévy*, 1869, in-8, br.

335. Femmes arabes, avant et depuis l'Islamisme, par le docteur Perron. *Paris*, 1858, in-8, br.

336. Mémoires sur la chronologie et l'iconographie des rois Parthes Arsacides, par Adr. de Longpérier. *Paris*, *Didot*, 1853, in-8, br.

337. Histoire générale des Huns, des Turcs, des Mongols et des autres Tartares occidentaux, par Deguignes. *Paris, Saillant*, 1756, 5 vol. in-4, v. m.

338. Histoire généalogique des Tatars, trad. d'Abulgasi-Bayadur-Chan, par D***. *Leyde*, 1726, 2 vol. in-12. bas.

339. Essai sur l'histoire et la géographie de la Palestine, d'après les sources rabbiniques, par J. Derembourg. *Paris, Impr. imp.*, 1868, in-8, br.

340. Mémoire sur les Nabatéens, par Quatremère. *Paris*, *Impr. roy.*, 1835, in-8, br.

341. Histoire du grand Genghizcan, trad. de plusieurs auteurs orientaux, par Pétis de La Croix. *Paris*, 1710, in-12, v

342. Histoire de Tamerlan, empereur des Mogols et conquérant de l'Asie (par le P. Margat). *Paris*, 1739, 2 vol. in-12, v. éc.

343. Ephemerides Persarum, per totum annum, e mss. orientalibus et lat., edidit Beckius. *Aug. Vind.*, 1695, in-fol. cartonné.

344. Mémoires sur diverses antiquités de la Perse, par Silvestre de Sacy. *Paris*, 1793, in-4, d.-rel.

345. Histoire de la conquête de l'Inde, par Barchou de Penhoen. *Paris*, 1844, 6 vol. in-8, demi-rel.

346. Recherches critiques et historiques sur la langue et la littérature de l'Egypte, par E. Quatremère. *Paris, Impr. imp.*, 1808, gr. in-8, d.-rel.

347. Mémoires géographiques et historiques sur l'Egypte, par Quatremère. *Paris, Schoell*, 1811, 2 vol. in-8, demi-rel.

348. Etude sur la conquête de l'Afrique par les Arabes, par H. Fournel (1re partie). *Paris*, 1857, in-4, br.

349. Observations sur les Arabes de l'Egypte moderne, par Jomard. — Abr. chron. de l'hist. des Mamlouks d'Egypte, par Delaporte. — Nomenclature des tribus arabes, par Jaubert, etc., 5 p. en 1 vol. in-fol. demi-rel.

350. Histoire de Saladin, sultan d'Egypte, par Marin. *Paris, Tilliard*, 1758, 2 vol. in-12, v.

351. Histoire de l'Afrique et de l'Espagne sous la domination des Arabes, par de Cardonne. *Paris*, 1765, 3 vol. in-12, demi-rel.

352. Ludolfi Historia æthiopica. *Francof. ad Mœnum*, 1681, in-fol. v. f.

Exemplaire de Huet, évêque d'Avranches.

ARCHÉOLOGIE, HISTOIRE LITTÉRAIRE, BIOGRAPHIE.

353. Etudes d'archéologie et d'histoire, par H. Fortoul. *Paris, Didot*, 1854, 2 vol. in-8, demi-rel.

354. Etudes sur le Péloponnèse, par Beulé. *Paris, Didot*, 1855, in-8, br.

355. L'Acropole d'Athènes, par Beulé. *Paris, Didot*, 1853, 2 vol. gr. in-8, br.

356. Les Monnaies d'Athènes, par Beulé. *Paris, Rollin*, 1858, gr. in-4, br. *Fig. dans le texte.*

357. L'Etrurie et les Etrusques, par Noël des Vergers. *Paris, Didot*, 1862-64, 2 vol. in-8, br. et atlas en feuilles.

358. Temple de Baal à Marseille, ou Grande Inscription phénicienne expliquée par l'abbé Bargès. *Paris*, 1857, gr. in-8, br.

359. Examen critique de la succession des dynasties égyptiennes, par W. Brunet de Presle. *Paris, Didot*, 1850, gr. in-8, br. (1re partie.)

360. Sur le Zodiaque de Denderah, par Letronne, l'abbé Halma, Saint-Martin, etc. *Paris*, 1822, 4 vol. in-8, br.

361. Recherches sur les bas-reliefs astronomiques des Egyptiens, par Jollois et Devilliers. *Paris, Impr. roy.*, 1818, in-fol. br. fig.

362. Mémoire sur le Sérapéum de Memphis, par Brunet de Presle. *Paris, Impr. nat.*, 1852, in-4, br.

363. Recherches sur la chronologie des empires de Ninive, par de Saulcy. *Paris*, 1849. — Mémoires sur les ruines de Ninive, par Hoefer, 1850, 2 p. in-8, br.

364. Exposé des éléments de la grammaire assyrienne, par Joachim Ménaut. *Paris, Impr. imp.*, 1868, gr. in-8, br.

365. Syrie centrale. Inscriptions sémitiques publiées avec traduction et commentaire, par le comte Melchior de Vogüé. *Paris, Baudry*, 1869, gr. in-4, br. 15 *planches*.

366. Mémoire sur le sarcophage et l'inscription funéraire d'Esmunazar, roi de Sidon, par le duc de Luynes. *Paris, Plon*, 1856, in-fol. cart.

367. Numismatique et inscriptions cypriotes, par le duc de Luynes. *Paris, Plon*, 1852, in-fol. cartonné, fig.

368. Inscriptions chrétiennes de la Gaule antérieures au VIIIe siècle, réunies et annotées par Edm. Le Blant (tome Ier). *Paris, Impr. imp.*, 1856, in-4, br. *Figures*.

369. Descriptions des monnaies mérovingiennes du Limousin, par Maximin Deloche. *Paris, Rollin*, 1863, gr. in-8, br.

370. Sigillographie de Toul, par Ch. Robert. *Paris, Rollin et Feuardent*, 1868, gr. in-4, br. 30 *planch.*

371. Museum Cuficum Borgianum Velitris. *Romæ*, 1782, 2 vol. in-4, demi-rel.

372. O.-G. Tychsen. Introductio in rem numariam Muhammedanorum. *Rostoch*, 1794, in-12, v. tr. dor. *Figures.*

373. Monuments persans, arabes et turcs du cabinet du duc de Blacas, par Reinaud. *Paris*, *Impr. roy.*, 1822, 2 vol. in-8, demi-rel.

374. Histoire littéraire de la France. *Paris, Didot*, 1852-69, tomes 22 à 25, 4 vol. in-4, cart.

375. Histoire littéraire des Troubadours (par de Sainte-Palaye). *Paris*, *Durand*, 1774, 3 vol. in-12, demi-rel.

376. Mémoire sur le Collége royal de France, par 'abbé Goujet. *Paris*, *Lottin*, 1758, 3 vol. in-12, v.

377. Biographie universelle ancienne et moderne. *Paris*, *Michaud*, 1811-1836, 61 vol. in-8, demi-rel. bas.

378. Noël des Vergers. Etude biographique sur Horace. *Paris*, *Didot*, 1855, in-12 cart. *Photogr.*

379. Bibliotheca orientalis, ed Zenker. *Leipzig*, 1846, in-8, br.

Première partie. Livres arabes.

380. Casiri. Bibliotheca arabico-hispana Escurialensis (tomus prior). *Matriti*, 1760, in-fol. mar. r. fil. tr. dor.

381. Encyclopédie des gens du monde. *Paris*, *Treuttel et Wurtz*, 1833, 44 vol. in-8, demi-rel.

MÉMOIRES PUBLIÉS PAR L'INSTITUT DE FRANCE ET PAR LA SOCIÉTÉ ASIATIQUE.

382. Mémoires présentés par divers savants à l'Académie des sciences (sciences mathématiques et physiques), tome XVIIIe. *Paris, Impr. imp.*, 1868, in-4, br.

383. Histoire et mémoires de l'Académie royale des inscriptions et belles-lettres. *Paris, Impr. roy.*, 1736-1808, 50 vol. in-4, v.

384. Histoire et mémoires de l'Académie des inscriptions et belles-lettres. *Paris, Impr. roy.*, 1815-1870, 26 tomes en 37 vol. in-4, cart.

Les tomes XXII et XXV, première partie, n'ont pas été publiés.

385. Mémoires présentés par divers savants à l'Académie des inscriptions et belles-lettres (antiquités de la France). *Paris, Impr. roy.*, 1843-65, 5 tomes en 7 vol. in-4, cart.

386. Mémoires présentés par divers savants, sujets divers d'érudition. *Paris*, 1842-69, 8 tomes en 10 vol. in-4, cartonnés.

Le tome VII, deuxième partie, n'a pas paru.

387. Table générale des mémoires contenus dans les recueils de l'Académie des inscriptions et belles-lettres, par de Rozières et Chatel. *Paris, Durand*, 1856, in-4, br.

388. Académie des inscriptions et belles-lettres. Comptes rendus des séances : années 1857, 59, 60, 61, 63, 64, 65 ; 7 années, in-8, br.

389. Mémoires de l'Académie des sciences morales et politiques. *Paris, Didot*, 1850-1865, tomes VI à XII (moins le tome X). 6 vol. in-4, br.

390. Recueil d'éloges prononcés dans les séances publiques de l'Institut. *Paris, Didot*, 24 parties in-4, br.

391. Académie française. Recueil de discours, rapports et pièces diverses. *Paris, Didot*, 1840-69, 5 vol. in-4, br.

392. Notices et extraits des manuscrits de la Bibliothèque du roi. *Paris, Impr. roy.*, 1787-1868, 22 tomes en 29 vol. in-4, cartonnés, et 1 vol. gr. in-fol. br.

Les tomes XV, deuxième partie, et XXII, première partie, n'ont point paru.

393. JOURNAL ASIATIQUE, ou Recueil de mémoires relatifs à l'Orient, par MM. Mohl, Caussin de Perceval, etc., etc. *Paris*, *Impr. roy.*, 1822-1869, 6 séries en 85 vol. in-8, demi-rel. et le reste br.

OUVRAGES EN NOMBRE.

395. Mémoire sur le calendrier arabe avant l'Islamisme, par M. Caussin de Perceval. *S. l. n. d.*, in-8, br.

Six exemplaires. (*Extr. du Journal asiatique.*)

396. Extraits du Coran (en arabe), publiés par M. Caussin de Perceval, in-4, br.

Sept exemplaires.

397. Le Combat de Bedr, épisode de la vie de Mahomet, par Caussin de Perceval. 1839, in-8, br.

Dix exemplaires. (*Extrait du Journal asiatique.*)

398. Les Cinquante Séances de Hariri (en arabe), publ. par M. Caussin de Perceval. In-4, br.

Sept exemplaires.

399. Moallacat, texte arabe, publ. par M. Caussin de Perceval. In-4, br.

Dix exemplaires.

400. Notice sur les trois poëtes arabes, Akhtal, Ferazdak et Djerir, par M. Caussin de Perceval. *Paris, Impr. roy.*, 1834, in-8, br.

Dix exemplaires.

401. Notice et extrait du roman d'Antar, par M. Caussin de Perceval. *Paris*, *Impr. roy.*, 1833, in-8, br.

Six exemplaires.

402. Extraits du roman d'Antar, publ. par M. Caussin de Perceval (texte arabe). *Paris, Didot,* 1841, gr. in-8, br.

Quarante exemplaires.

403. La Mort de Zohaïr, épisode tiré du roman d'Antar, par M. Caussin de Perceval. *S. l. n. d.*, in-8, br.

Huit exemplaires. (*Extr. du Journal asiatique.*)

404. Fables de Lokman, texte arabe, publiées par M. Caussin de Perceval. In-4, br.

Cinquante exemplaires.

405. Précis historique de la guerre des Turcs contre les Russes, tiré des annales de Vassif Effendi, par M. Caussin de Perceval. *Paris*, 1822, in-8, br.

Cinq exemplaires.

406. Précis historique de la destruction du corps des janissaires par le sultan Mahmoud, en 1826, trad. du turc par M. Caussin de Perceval. *Paris, Didot*, 1823, in-8, br.

Sept exemplaires.

407. Examen d'une lettre de M. Fresnel sur l'histoire des Arabes avant l'islamisme, par M. Caussin de Perceval. *S. d.*, in-8, br.

Dix exemplaires.

408. *Takhlis el ibriz fi talkhis bariz.* Voyage en France du cheykh Refaa, en arabe. *Imprimé à Boulaq* (1250 *de l'hég.*), in-4, rel. or.

Cinq exemplaires.

409. Relation d'un voyage en France par le cheihk Refaa, extrait par M. Caussin de Perceval. *Paris, Impr. roy.*, 1833, in-8, br.

Huit exemplaires.

410. Lettres arabes autographiées, avec la traduction française manuscrite. In-4.

Quinze exemplaires.

MANUSCRITS

ARABES, TURCS, PERSANS.

---

411. Catalogus codd. mss. Bibliothecæ regiæ. *Parisiis, e typogr. regia,* 1739, in-fol. mar. r. tr. dor. (Tome Ier.)

Ce volume renferme les manuscrits orientaux.

412. Specimen Catalogi codicum mss. orientalium Academiæ Lugd. Batavæ, ed. Hamaker. *Lugd. Bat.*, 1820, in-4, demi-rel.

413. Notices sur quelques manuscrits arabes, par Dozy. *Leyde, Brill,* 1847-51, in-8, demi-rel.

414. *Cachf-Edzounoun-an-Açami-el-Coutoub-oual-Founoun.* Bibliographie de Hadji Khalfa. Gr. in-fol. rel. or. 600 feuillets, encadr. or.

Beau manuscrit arabe.

415. Le Coran, en arabe. In-fol. 110 ff. reliure or.

Très-beau manuscrit d'une superbe écriture. Les premiers et le dernier euillets sont ornés d'arabesques en or et en couleurs.

416. *Le Coran.* In-16, reliure orientale.

Manuscrit arabe. Encadrement rouge.

417. *Le Coran,* première moitié. In-4, demi-rel.

Manuscrit arabe. Écriture barbaresque.

418. *Tckmilè,* ou Complément du commentaire de Djellâl-Eddin-el-Mahalli sur le Coran. In-4, rel. orientale.

Manuscrit arabe d'une bonne écriture, avec notes marginales. Cet ouvrage a été composé en 870 de l'hég. par Essoyouti.

419. *Nazhn eddourar esseniyè fissiar ezzekiyé.* Vie de Mahomet, en vers, par Abderrahim ben el Hoceyn. In-4, demi-rel.

Manuscrit arabe.

420. *Kenz el raghibin...* Ouvrage qui traite de la naissance et de la mort de Mahomet, de ses vertus, de ses miracles, des preuves de sa mission, par Bohran Eddin abou Ishhack ben Mohammed. Pet. in-4, 51 ff. rel. or.

Manuscrit arabe ancien.

421. *Madjmou reçail.* Divers Traités religieux, par Imad Eddin Ahmed el Waciti. In-4, rel. or.

Manuscrit arabe ancien d'une très-belle écriture.

422. *De Dieu et des Merveilles de la nature.* Pet. in-8, rel. or.

Manuscrit arabe.

423. *El bahr el Manroud fil Mewathik Oual Ohoud.* Engagements et devoirs des fakirs, par Abd el Wahhab el Charani. Pet. in-4, rel. or. (182 ff.)

Manuscrit arabe très-ancien.

424. *Tohfet el Molouk.* Traité abrégé des *figh,* ou jurisprudence religieuse des musulmans. In-4, demi-rel.

Manuscrit arabe.

425. *Traité sur la prière,* par Ibrahim el Halebi. In-4, rel. or.

Manuscrit arabe.

426. *El Kebaïr...* Traité des grands et des petits péchés. — *Kitab el fotouh...* Traité sur le sens des mots *Nafs* et *Rouh.* 2 part. en 1 plaq. in-4.

Manuscrits arabes.

427. Traités divers des premiers temps de l'islamisme (califat d'Omar ebn el Khattâb). In-4, rel. or.

Manuscrit arabe très-ancien.

428. Abrégé de la grammaire turque, rédigé en arabe. In-4, demi-rel. (*Piqûres.*)

Manuscrit arabe.

429. *Merah-el-Arwah.* Grammaire arabe, par Ahmed Ibn Ali. Pet. in-8. rel. or.

Manuscrit arabe. — Piqûres de vers.

430. *La Cafiya*, grammaire arabe d'Ibn el Hadjid. *La Misbâh*, grammaire arabe de Massoud. — *El miat el awâmil*, ou les Cent Régents, traité grammatical d'Abd el Caher el Djorjani. In-16, rel. or.

Manuscrit arabe.

431. *Dictionnaire* arabe-turc. In-4, v.

Manuscrit de 407 feuillets.

432. Dictionarium arabico-latinum. *Parisiis*, 1696, pet. in-8, bas. (1000 pages.)

Manuscrit autographe de Pétis de la Croix.

433. Vocabulaire français-arabe, par Pétis de la Croix. In-8 allongé.

Manuscrit.

434. Commentaire de Saad-Eddin Teftazani sur le *Talkhis al Miftah* (ouvrage traitant de la rhétorique et des sciences qui s'y rattachent). Gr. in-4, enveloppe orientale.

Manuscrit d'une belle écriture.

435. *Talkhis el Miftah*, traité de rhétorique, par Djelal Eddin Mohamed el Cazwini. Pet. in-4, 108 ff. rel. or.

Manuscrit arabe. M. Caussin de Perceval y a ajouté une table manuscrite.

436. *Dourrat el Ghawas fi awham el Khawâs*. Traité des fautes de langage, par Hariri. In-4, demi-rel. 88 ff.

Manuscrit arabe.

437. *Kitab el Amthâl*. Recueil de proverbes, par Meidani (en arabe). In-4, relié en soie.

Beau manuscrit arabe, filets or et rouge, superbe écriture.

438. *Hachia*. Scholies, par Chems Eddin Mohammed Ansari, sur le commentaire de l'ouvrage philosophique intitulé : *Hidayat el Hikma*. 76 ff. in-4, rel. or.

Manuscrit arabe.

439. *Adjaïd el Makhloucat*. Merveilles de la nature, par Mohammed el Cazwini. In-8, demi-rel.

Manuscrit arabe.

440. *Hayat el Haywan*. Histoire des animaux, par Mohammed ben Içа el Démiri. In-4, 377 ff. rel. orientale.

Manuscrit d'une belle écriture, daté de 934 de l'hég. (1527 de J.-C.).

441. *Medjma el menafi el bedeniyé*. Abrégé du traité des médicaments simples d'Ibn el Beytar. In-4, 86 ff. rel. or.

Manuscrit arabe.

442. *Livre d'alchimie*. Pet. in-8, 114 ff. rel. or.

Manuscrit arabe.

443. *Riçalat el Cachchaf*... Traité de musique, par Mozaffar ibn Hoçayn. — *Zouhour el Thouzeyya*... Apparition des pléiades et disparition de la peste (en arabe). 2 part. en 1 vol. in-4, demi-rel.

Manuscrits arabes.

444. Les *Mécamât* de Hamadani. In-4, demi-rel.

Manuscrit arabe, copie faite sur un manuscrit de la Bibliothèque nationale de Paris. Il est accompagné d'une analyse manuscrite par M. Caussin de Perceval.

445. *El Mekamat* el Halebie. La Séance d'Alep, par Mohammed Chemseddin el Cawwas. In-4. d.-rel.

Manuscrit arabe.

446. Mecamat el Hariri. Les Séances de Hariri. In-4, rel. or.

Manuscrit arabe très-ancien.

447. *Mecamat el Hariri*. Les Séances de Hariri. Gr. in-8, rel. orientale.

Beau manuscrit arabe, filets rouge et bleu; quelques gloses marginales et interlinéaires.

448. Les *Mecamât*, ou Séances de Hariri, avec gloses interlinéaires et marginales. In-fol. rel. or.

Manuscrit arabe ancien.

449. *Charh el Mecamât el Haririyyé*. Commentaires sur les Séances de Hariri. Gr. in-4, rel. or.

Manuscrit arabe, d'une bonne écriture, datée de Bagdad, 670 de l'hég. (1271 de J.-C.).

450. *Charh el Mécamat til Cherichi.* Commentaires sur les Séances de Hariri, par Cherichi. 2 vol. in-4, demi-rel. 1200 pages.

Manuscrits arabes couverts de notes au crayon.

451. *Molhat el Irab*, par Hariri, avec commentaire par l'auteur. In-4, 144 ff. rel. or.

Manuscrit arabe. Jolie écriture.

452. Les *Moallacât,* avec commentaires de Zouzeni. In-4, rel. or.

Manuscrit arabe d'une jolie écriture.

453. Charh el Moallacat. Commentaire d'Abou Abdallah el Houcayn Ezzouzeni sur les sept Moallacat. In-4, demi-rel.

Manuscrit arabe. 88 feuillets.

454. Commentaires du Zouzeni sur les Moallakah. In-4, dans un carton.

Copié sur le manuscrit de la Bibliothèque nationale 1416, par M. Grangeret de la Grange.

455. Le Poëme arabe *Borda*, de Caab ben Zohayr, expliqué en turc. In-4, rel. or.

Mannscrit d'une jolie écriture.

456. Diwan, ou Recueil des poésies d'Omar ibn Faredh. Pet. in-4, rel. or.

Manuscrit arabe, filets rouges.

457. *Diwan*, ou Recueil de poésies d'Imroulcays. In-4, rel. or.

Manuscrit arabe.

458. *Diwan Abi Temmâm.* Recueil de poésies d'Abou Temmam Nabib el Tayi. In-4, rel. or.

Manuscrit arabe sur papier bleu, fil. rouges. Les poésies contenues dans ce recueil sont divisées en sept genres.

459. *Diwan el Hamasa*... Anciennes Poésies recueillies par Abou Temmam, en arabe. In-4, rel. or.

Manuscrit arabe d'une belle écriture. Encadrements rouges.

460. *Commentaire* de Kemal Eddin Aboul Bakka

Mohammed ben Mouça el Damiri, sur le *Camijat el Adjam*, ou poëme de Tograï. In-4, rel. or.

Manuscrit arabe.

461. *Necim Essaba*. L'Haleine du zéphyr, les Cieux, la Terre, les Fleurs, etc., prose et vers, par Redz-Eddin-Abou-Mohamed-el-Hassan. Pet. in-4, rel. orientale.

Manuscrit arabe.

462. *Diwan*, ou Recueil de poésies de Medjnoun, ses amours avec Leyla. Pet. in-8, cart.

Manuscrit arabe.

463. Recueil de chansons arabes. In-4. demi-rel.

Joli manuscrit.

464. SIRAT ANTAR. Antar, roman arabe. 35 vol. pet. in-4, cart.

Manuscrit très-ancien. Cet ouvrage est très-rare à trouver complet.

465. *Thamarat el Aourak*. Recueil d'anecdotes et de traits curieux, par Taki Eddin Ibn Hodja el Hamawi. In-4, rel. or. (272 ff.)

Manuscrit arabe ancien. M. Caussin de Perceval y a joint une table manuscrite.

466. *El Mardj ennadhir oual Ardj el Atir*. Les Riantes Prairies et le Parterre odoriférant, par Djelal Eddin Abderraman Soyouti (ouvrage traitant de sujets variés, propres à amuser l'esprit, anecdotes en vers et en prose). Gr. in-fol. demi-rel.

Manuscrit arabe de 300 ff. copié par Mikaïl Sabbagh.

467. *Recueil d'anecdotes*. In-4, rel. or. (72 ff.)

Manuscrit arabe d'une écriture très-fine, avec une table des matières de la main de M. Caussin de Perceval.

468. *Contes tirés des Mille et une Nuits* et diverses anecdotes. Manuscrit arabe pet. in-8, rel. or.

469. *Histoire de Sindban* le marin et de Sindban le portefaix. Pet. in-8, 106 ff. rel. or.

Manuscrit arabe.

470. *Kissat Essindbad el Bahri*. Histoire de Sindbad le marin. In-4, demi-rel. 88 ff.

Manuscrit arabe.

471. *Diwan Essabâba*. Ouvrage en prose et en vers, traitant de l'amour et des amants, par Chehab-Eddin-Ahmed-ben-Abi-Hadjla. In-4, rel. or.

Manuscrit arabe.

472. *Kissat el Djariya Tewaddoud*... Tewaddoud, ou l'Esclave savante, conte. In-4, cart.

Manuscrit arabe.

473. *Robinson Crusoé*, abrégé et traduit en arabe par Cheikh Ibrahim (Burckhardt). In-12, rel. or.

Manuscrit arabe.

474. Histoire de Joseph et de Zouleykha. Pet. in-8. rel. or.

Manuscrit arabe.

475. *Siret Ahmed Denef*... Histoire d'Ahmed Denef, d'Ali Zeibak, de Delila et des Azar. In-4, demi-rel.

Manuscrit arabe d'une écriture cursive, copié à Lattaquié en 1826, par Atallah Ascar, drogman du consulat de France en cette ville.

476. *Adjaïb el Boldan*. Traité de géographie, par Cazwini. Pet. in-4, rel. or.

Manuscrit arabe ancien et d'une belle écriture. M. Caussin de Perceval y a ajouté une table manuscrite.

477. Traduction de la relation du voyage en France de Mehemet Effendi, ambassadeur de Turquie. In-4, demi-rel.

Manuscrit arabe.

478. *Tarif el Ouakt Oual Kibla*. Traité de la connaissance du temps et de la Kibla. Pet. in-8, rel. orientale.

Manuscrit arabe.

479. *Histoire abrégée* des khalifes abbacides. — *Kitab Cachf el Asrar*... Les Oiseaux et les Fleurs, allégories morales d'Azz-Eddin el Mocaddeci. 2 part. en 1 vol. demi-rel.

Manuscrit arabe.

480. *Kitab-sotouh-el-Châm.* Histoire de la conquête de la Syrie par les Musulmans, ouvrage attribué à Wakedi. In-fol. demi-rel.

Manuscrit arabe incomplet à la fin.

481. *Bark el Yemani...* Histoire de la conquête du Yemen par les Ottomans. In-4, rel. or. (249 ff.)

Manuscrit arabe.

482. *El Dourrat el Moukalkala...* Histoire de la conquête de la Mekke, écrite par Aboul-Haçan el Bacri. Pet. in-4, 78 ff.

Manuscrit arabe.

483. *Kitab el Ilam bi Alam bayt Allah el Haram.* Histoire du temple et de la ville de la Mekke, par Coth-Eddin. In-4, rel. or. 208 ff.

Manuscrit arabe.

484. Récit en forme de journal de l'insurrection des habitants d'Alep et du siége de cette ville par Kourchid-Pacha, en 1235 de l'hég. (1819 de J.-C.).

Manuscrit arabe.

485. *Lataïf akhbar el ouwal...* Histoire des dynasties qui ont régné en Egypte, par Mohammed ben abd el Moti de Menouf. In-4, 124 ff. rel. or.

Manuscrit arabe.

486. *Mouktaçar Kital Calef el Azhar...* Abrégé de la description de l'Egypte et du Caire, par El Makrisi. Pet. in-4, 169 ff. rel. or.

Manuscrit arabe ancien.

487. *Housn el Mouhadera...* Histoire de l'Egypte et du Caire, par Djelal-Eddin-Abderrahman el Soyouti. In-fol. rel. or.

Manuscrit arabe. — Premier volume seul.

488. *Eddorral-el-Mouçana-fi-Akhbar-el-Kinana.* Histoire des Mamlouks, de l'an 1099 à 1168 de l'hég., par l'émir Ahmed Demirdachi. 2 vol. in-fol. rel.

Manuscrit arabe copié par Mikhaïl Sabbagh.

489. *Histoire* de l'expédition des Français en Égypte, par Nikoula el Turki. Pet. in-4, demi-rel. (102 pp.)

Manuscrit arabe.

490. *Anwar eulou el adjrâm...* Les Secrets des pyramides découverts, par Djemel Eddin el Edrisi. In-4, 76 ff. rel. or.

Manuscrit arabe d'une belle écriture.

491. *Kitab el Anîs el Moatrib...* Histoire des princes du Maghreb et Annales de la ville de Fez, par Ali ben Mohammed ben Ahmed Hadji Khalfa. In-4, rel. or.

Manuscrit arabe.

492. *Tarikh Youcef ben Koryoun.* Histoire des Juifs, par Joseph Gorionidès. In-4, bas. (195 ff.)

Manuscrit arabe.

493. *Kitab anba Noudjaba el Ebna.* Traits de l'enfance des personnages distingués, par Abou-Hachim Mohammed, en arabe. Pet. in-4, 88 ff. rel. orientale.

Manuscrit arabe.

494. *Recueil.* Pet. in-4, demi-rel.

Manuscrit arabe contenant : Le Soleil de la Foi, pièce en vers de Djemal Eddin Abdallah. — Traité de l'excellence de la formule de prières pour Mahomet. — Les Perles du Coran, par Abou Hamed el Ghazzali.

495. *Recueil.* Manuscrit arabe, pet. in-8, bas.

Texte arabe de la Grammaire Adjroumya. — Commentaire de Khalid Azhari. — Prosodie arabe. — Sur les mètres prosodiques. — Commentaires sur un poëme de Tograï. — Poëme en l'honneur de Mahomet, par Djellal-eddin-Soyouti. — Ces manuscrits sont de la main d'Ellious Bochtor.

496. *Mélanges arabes.* In-8, rel.

Manuscrits de diverses écritures.

497. *Recueil* d'ouvrages arabes. 7 parties en 1 vol. in-4, rel. or.

Manuscrit arabe de 363 ff.. — Traité de questions métaphysiques. — Recueil de vers. — Poëmes de Tantarani. — Réfutation du patriarche Jacob. — Traité sur la connaissance de l'homme. — Traité moral, etc.

498. *Extraits de divers ouvrages arabes.* 9 cahiers pet. in-8.

Manuscrits arabes de la main d'Ellious Bochtor.

499. *Recueil* de lettres arabes. In-4, rel. or.

Manuscrit arabe.

---

500. Commentaire sur plusieurs chapitres du Coran. Pet. in-8, rel. or.

Manuscrit turc.

501. Vocabulaire arabe expliqué en turc. Pet. in-4, rel. or.

Manuscrit.

502. *Khayriyei Nâbi.* Conseils de Nâbi effendi à son fils, en vers. In-8, rel.

Manuscrit turc.

503. *Kital el Adwar.* Traité de musique en vers turcs. Pet. in-8, rel. or.

Manuscrit d'une très-jolie écriture. Le titre est en or, ainsi que les titres des chapitres.

504. *Calendrier turc, an de l'hég.* 1230. Manuscrit in-8, rel. or. fil. or.

505. Calendrier turc. *An de l'hég.* 1203-1204, in-4, demi-rel.

Manuscrit turc avec filets d'or.

506. *Tacwim ettewarikh.* Tables chronologiques de Hadji-Khalfa. Gr. in-8, 93 ff. rel. or.

Manuscrit turc d'une belle écriture.

507. *Statistique* financière de l'empire ottoman en l'année 1049 de l'hégire (de J.-C. 1640). Pet. in-4 de 80 ff. cart.

Manuscrit turc,

---

508. *Subhaï Molla Djami.* Poésies religieuses, par Molla Djami. Pet. in-8, rel. or.

Manuscrit persan.

509. *Poésies* de Hafiz. Gr. in-8, rel. en soie.

Manuscrit persan sur papiers de diverses couleurs. Encadrements rouges.

510. *Le Bostan de Saadi*. Pet. in-8 allongé, rel. or.

Manuscrit persan.

511. *Le Bostan de Saadi*. Pet. in-8, encadrements rouges, rel. or.

Manuscrit persan.

512. *Épîtres amoureuses*, en vers, par Ibn Amad. pet. in-8, rel. or.

Manuscrit persan orné de quelques miniatures.

FIN.

A LA MÊME LIBRAIRIE.

RED. :

21

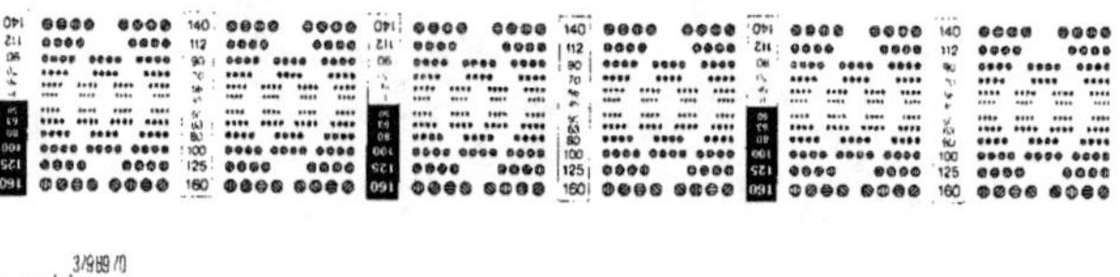

3/9B9 /0
graphicom

0 1 2 3 4 5 6 7 8 9 10

MIRE ISO N° 1
NF Z 43-007
AFNOR
Cedex 7 - 92080 PARIS-LA-DEFENSE

www.ingramcontent.com/pod-product-compliance
Lightning Source LLC
LaVergne TN
LVHW010623110826
845149LV00003B/1022

* 9 7 8 2 3 2 9 2 7 6 0 2 1 *